U0312931

日式手编绳结

（日）知光薰 著

王靖宇 译

煤炭工业出版社

·北 京·

目 录
Contents

日方工作人员

作品设计和制作：知光薰

书籍设计：山岸全　木下春圭（株式会社 WADE）

做法插图：原田镇郎（株式会社 WADE）

摄影：佐山裕子（主妇之友社摄影科）

模特：木庭弥生

编辑：大割里美（1~27 页）

责编：小野贵美子

内容简介

　　本书介绍了51种以"和"式风格为主题的装饰绳结。这些绳结图案美观秀丽，制作方法简单方便。这些绳结可以当作发饰、项链、胸针、手镯、指环、系带，非常适合都市年轻女性装饰佩戴。将这些雅致的配饰与适当的服装搭配，会让你秀出别样的光彩。

作者简介

（日）知光薰Kaoru Chiko
毕业于多摩美术大学平面设计系曾就职于广告公司，之后开始从事手工工作。她因在亚州风格的首饰中加入编绳元素而获得好评。著有《编绳手链》（日本主妇之友社）等书。在她的官网上介绍了她开办的教室、本书中用到的编绳工具套装和编绳视频。

http://kaoru-chiko-knotting.jimdo.com/

1 腰带扣 2 戒指 3 发簪

淡粉与黄色系的段染细绳组合搭配，显得十分柔和。在穿传统服装时，配戴这些作品进行装饰会显得更加可爱。装配上金属配件，还可以当做胸针。

4 项链

这是一条拥有多个双重淡路结的项链，紫色的段染细绳给人一种纯洁无垢的美感。

5-1

6

5-2

5 项链

6 挂饰

用三色细绳编出华丽淡路结的饰品。

7 手链

使用色彩微微不同的绿色系细绳编出的
清爽宜人的手链。

7-1

7-2

7-3

8

8 项链

这款作品的特色是环状花纹间错落交织的细绳。
长度不同，可以当作项链或手链等，用途很广。

制作方法 … 7 51、8 51

9-1

9-2

9-3

9 挂饰

梭结编出的挂饰,搭配上金属小配件,既好看又实用。

10 胸针

这四款胸针给人朴素清雅之感,都是用三根细绳编出淡路结再装上饰针做成的。

10-1

10-2

10-3

10-4

11 手链

这是一款将两种小珠和蝴蝶形的金属
小配件编织到一起的手链。

制作方法 ··· 9 53、10 53、11 50

12-1

12 戒指

这是三款用菊结编出的戒指，戴上它，宛如蝴蝶停在手上。

12-2

13-1

12-3

13-2

13 胸针

将两个大小不同菊结重叠编织在一起形成的花一样的胸针。

13-3

制作方法 ··· 12 42、13 52、14 52

12-2

14 手链

这是两条使用皮质细绳编出的特色手链。即使都使用皮质细绳，但颜色不同，给人的感觉也完全不同。

14-1

14-2

15-1

16-1

16-2

16 吊坠

用纤细的皮质细绳编织的项链和吊坠，菊结格外显眼。细绳的古雅色调与青铜风格的小配件，搭配得和谐又巧妙。

制作方法 ··· 15 54、16 54

15-2

15 项链

两种不同的色彩搭配。您也可以
根据个人喜好,享受不同色调的
菊结与细绳搭配的乐趣。

17 领饰

将菊结编绳与淡路结编绳束在一起形成的领饰，
和纸般的质感、罗塞塔（rosette）细线的温和色
调都颇具魅力。

制作方法 ··· 56

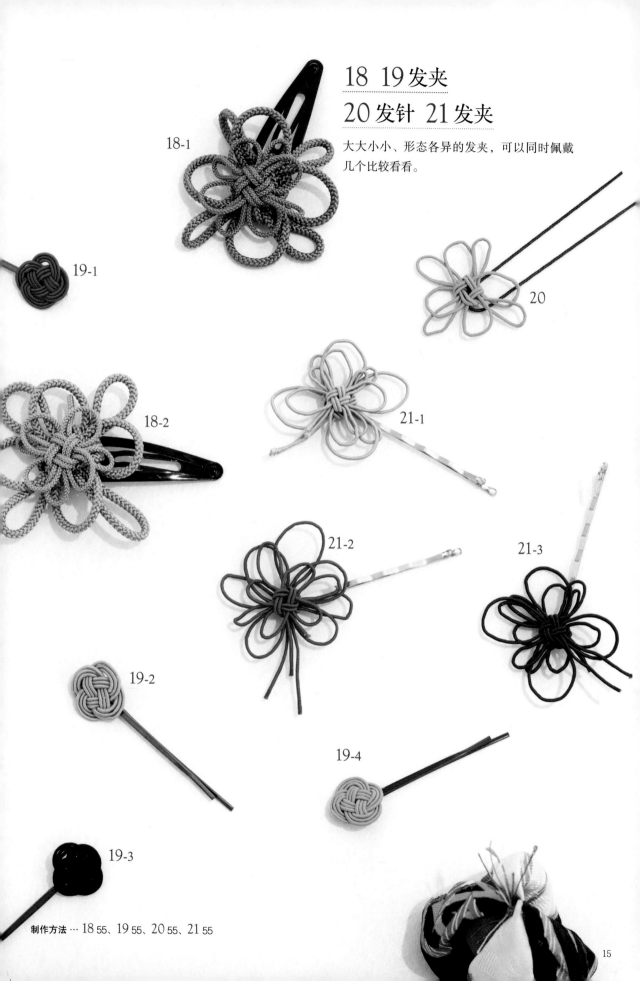

18-1

19-1

大大小小、形态各异的发夹，可以同时佩戴
几个比较看看。

20

18-2

21-1

21-2

21-3

19-2

19-4

19-3

制作方法…18 55、19 55、20 55、21 55

装点四季的十二枚戒指

制作方法···22 ～ 33 41·56

春

22 梅 白 × 苏芳红

象征着初春绽放的白梅，白里透着苏芳红，
这样的配色颇带暖意。

苏芳（覆盆子）：豆科染料植物，可染成红意深厚的紫红色。
英文名 Raspberry red。

23 藤 薄色 × 萌黄

象征着高贵优雅的紫色花朵与青藤的配色。

薄色：也称作淡紫色，是一种淡雅而透亮的紫色，也是仅次于
深紫色的高贵色彩。
萌黄：绿意鲜亮的黄绿色。曾作为面向年轻人的色彩推广，颇
受人们喜爱。

24 薄樱花 白 × 淡红

白底红条，像征山樱花的配色。

淡红：略带红意的紫红色。英文名 Rose Pink。

夏

25 若蝦手 淡青 × 红

象征着初夏枫林中若隐若现的红花。

淡青：略带黄意的绿色。在古代、中世纪被称为淡绿色。
红色：与赤色相比略带黄意的淡红色。

26 百合 赤 × 朽叶

象征着夏日里盛开在山野间的
姬百合的配色。

朽叶：枯朽落地的落叶之色、鲜亮的黄橙色。这种颜色
的衣服多次在《枕草子》和《源氏物语》中登场，
深受人们喜爱。

27 蝉之羽 桧皮色 × 青

模仿蝉之薄翼的配色、
广泛用于夏日的薄衣。

桧皮色：是日本扁柏的树皮色。
青：古代对绿色的称呼。

以前，日本的衣服都是用天然染料染成的，反映出四季的色彩。当时人们会将领口和袖口部分以重叠的面料装饰。这种"重叠色调"的方式体现出穿着者的情趣和教养。虽然这种行为只限于平安时代的贵族，但这种思想却一直延续至今。我从众多的四季的配色中选出了十二种颜色、编织出"重叠戒指"。

秋

28 女郎花 黄 × 青

象征着在秋日的野山里绽放的女郎花
（黄花龙芽）的配色。

女郎花：生长于夏末至秋季的开黄花的女郎花科多年生草本植物。由于它的色彩和姿态颇为女性化，因而得名女郎花。

29 红朽叶 红黄 × 黄

象征着晚秋的红叶。

薄红黄：褪色的朱红色。色泽素淡的橙色。

30 红叶 赤 × 浓赤

象征着枫叶的颜色变为深红。
"浓赤"一词表示将色彩揉搓出来。

赤：太阳的颜色，鲜艳的红色。
浓赤：较暗的赤色。

冬

31 枯色 淡香 × 青

象征着冬日的原野草木枯萎后
淡淡的茶色（褐色）。

淡香色：用香料的公丁香染出的颜色。往淡茶色中加入一丝红意的浅茶色。

32 冰重 鸟之子 × 白

象征着冬日寒冷的冰层
重叠在一起。

鸟之子色：鸡蛋壳淡淡的颜色、略带浅灰与浅黄的白色。

33 葡萄 苏芳 × 缥

象征着山葡萄的果实。

缥：原为将鸭跖草的花瓣制成染料后的颜色。亮度较高的淡蓝色。缥为现在的蓝色的古名，也称作"花田""花色"。

34-1

34-2

34-3

34 发针

用淡路结编出的发针，与作品3的发簪
（p4）颜色不同。冷色系的线，给人清凉
爽快的印象。

制作方法 … 34 57、35 58、36 58、37 5

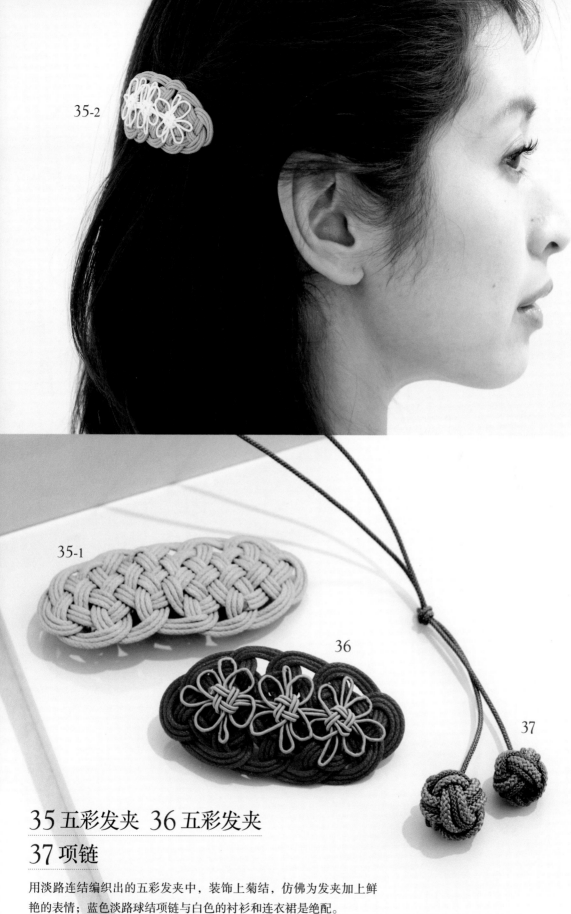

35-2

35-1

36

37

35 五彩发夹 36 五彩发夹
37 项链

用淡路连结编织出的五彩发夹中，装饰上菊结，仿佛为发夹加上鲜艳的表情；蓝色淡路球结项链与白色的衬衫和连衣裙是绝配。

38手链

粗犷的彩色皮线编出的释迦结手链，
简约但存在感十足。

38-1

38-2

38-3

39戒指

用平整的皮质细绳编织的释迦结，
仿佛一朵朵小玫瑰花。

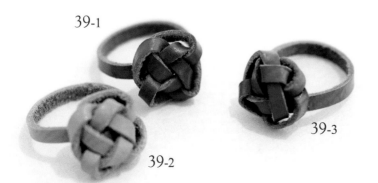

39-1

39-2

39-3

制作方法 … 38 44、39 60、40 45、41 60

39-1

38-1

40

41

40 41 发簪

将多个释迦结连续编织到一起，
更具实用价值。

42 项链

这条项链呈现出波形弧线、以相互交错的梭结为重点。淡紫色的细绳配上玉石质感的小配件，呈现出一种神秘的美。

制作方法 … 42 61、43 61、44 60

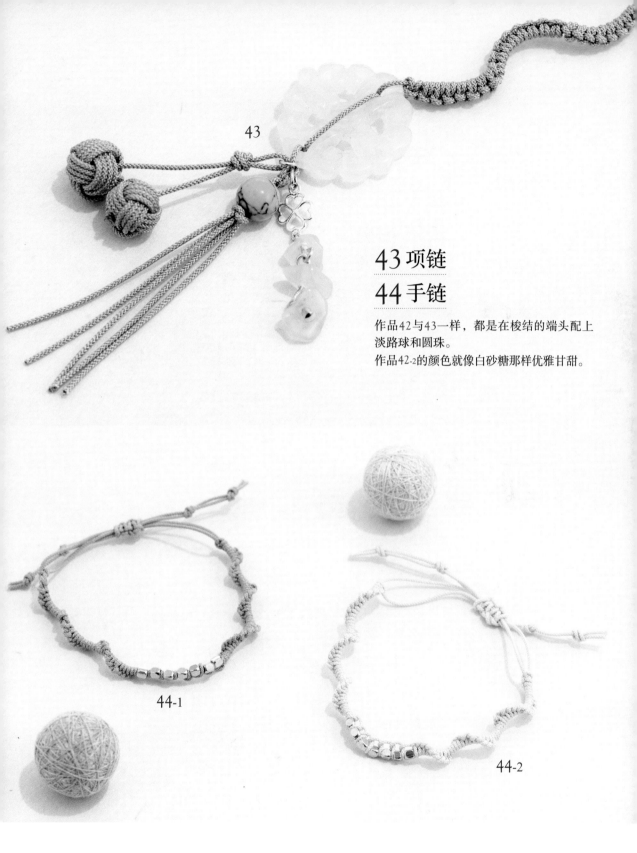

43

43 项链
44 手链

作品42与43一样，都是在梭结的端头配上淡路球和圆珠。
作品42-2的颜色就像白砂糖那样优雅甘甜。

44-1

44-2

45

46

45 项链 46 挂饰

编出的一个个小巧的菊结，就像一群芭蕾舞演员在翩翩起舞。摇动的装饰给人欢快的印象。
作品46与作品9（p8）的制作方法相同。

47 耳坠

可与45的项链搭配的耳坠，配
上珍珠和金珠，显得更加华
丽。不用打耳洞，直接夹住耳
垂即可。

47

48 书签

在小巧的纸笺上配上用菊结编出的蝴蝶，制作成的手工书签。
可以书写想要传达的话语，也可以插进书中做为礼物。

制作方法 … 48 63、49 63、50 63、51 63、52 59

49 信封扣

用淡路结编织信封扣，作为装饰粘到信件
上，将季节的芳香装进信封。

49-1

49-2

49-3

50

51-1

52

51-2

50 51 信件夹
52 小饰品

使用花形结和蝶形结的信件夹，可以让桌面变
得更有情趣。将淡路球制的小饰品装到剪刀
上，就成了剪刀搭环。

基本的绳结 手工饰品从这里开始

这里介绍本书作品中使用到的各种基本绳结。制作绳结的要点有3个：

"打结"：按顺序将结打好。

"拉伸"：用均等的力量按顺序缓慢地将绳子送出再拉紧。

"调整"：观察绳结上下左右的平衡，将松弛部分拉紧。按照绳结的类型用黏合剂进行固定，并调整成好看的形状。在操作时可以将绳结用大头针固定在操作板上，在保持稳定的状态下进行操作。

★为了让读者更容易理解打结操作，图中使用了多种颜色的绳子。

半结

可用来在绳子中间固定上小珠，也可用于绳子两端，是一种应用范围十分广泛的绳结。

将绳子从下端绕圈，然后往上拉起做出绳环，再使绳子穿过绳环、拉伸即可。

反手结

反手结可用于将多根绳子汇总连接到一起。

用一根绳打半结，将另一根绳子穿过绳环拉紧。

汇总结（用其他绳子）

用另取的绳子来束起多根绳子。
可用于调节项链以及手链的长度。

1. 将另取的绳子两端对折，放在将要束起的绳子上方并开始绕圈。

2. 把另取的绳子从要束起的绳子下方穿过。

3. 绕圈一次。

4. 从上往下绕圈数次，使绳子从圈后下方的绳环穿过。

5. 一边压住结扣，一边拉紧上下两端。沿边切除多余的绳子并粘好。

汇总结（不用其他绳子）

用要束起的绳子本身打出的绳结，反复运用反手结即可做出。

1. 将一根绳子折为环形，再将另一根绳子从下端拿起、绕圈一次。

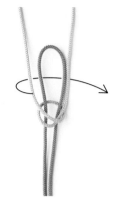

2. 如图所示，从上方绕圈数次。

3. 将绕圈的绳子，从绕出的多个绳环中穿过。

4. 一边压住结扣，一边拉紧绳子两端。沿边切除多余的绳子并粘好。

线圈结

按照半结的要领，不仅在绳圈上绕一次，而是绕数次而成的、略有分量的绳结。

根据个人喜好将细绳绕圈数次，再拉紧上下两端即可。

圆环结

将打结绳从手边挂到芯绳上。连续打结则可得出1根扭曲的绳。

右圆环结 以右边的绳做打结绳，结扣在右边。

1. 将右边的打结绳绕挂到左边的芯绳上，从绳环附近拉出。

2. 拉紧图1的绳环，以同样的方式将打结绳绕挂到芯绳上。

3. 第二个绳环也同样拉紧，使每一个绳环都拉紧。

左圆环结 以左边的绳做打结绳，结扣在左边。

1. 将左边的打结绳绕挂到右边的芯绳上，从绳环附近拉出。

2. 重复图1中的步骤，把每一个绳环都拉紧。

四色编

用4根绳子以链式编织方式编出的、相互啮合在一起的编绳。

1. 以个人喜好的配色，将4根绳子摆放在一起。

2. 中间的2根，将橙色绳放到米色绳之上，使其交叉。

3. 使右边的蓝色绳从中间的2根绳的下方穿过，再从左边放到橙色绳和米色绳的中间。

4. 使左边的粉色绳从左到右地从其他绳子下穿过，再从米色绳下穿过放到蓝色绳与橙色绳中间。

梭织结

将打结绳先从芯绳前面穿过再从后面穿过的组合绳结。

右侧梭织结 用右边的绳子来打结，结扣在右边。

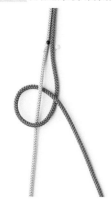   

1. 右边的打结绳从左边的芯绳上方穿过，从绳环中间拉出。

2. 将1拉紧。将打结绳从芯绳下方穿过，再从绳环后方拉出。

3. 拉紧2、以1和2作为一个结扣，以个人喜欢的数量重复打结。

左侧梭织结 用左边的绳子来打结，结扣在左边。

1. 左边的打结绳从右边的芯绳上方穿过，从绳环附近拉出并拉紧。接下来再从芯绳下方穿过、往绳环的后方拉出。

2. 把1拉紧，以1和2作为1个结扣，并以个人喜欢的数量重复打结。

四色编 接上页

绳结专栏1

重复图3~4的制作方法，使绳子左右交替着从外侧绳子的下方穿过，再放到中间打结，每次打结都请拉紧。可以根据个人喜好改变配色，也可改变摆放的顺序，打出个人喜欢的一整根绳子。这是一种非常适合用来编织吊饰、手链等饰品的绳结。

蛇结（梅雨结）

2根绳子左右相互打出绳结的结法。

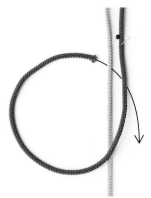  

1. 右边的绳子打出绳环，从两根绳子下方穿过。

2. 左边的绳子从右绳下方拉出，从左边绳环上方穿入。

3. 调整左右绳环大小。

4. 拉下方的绳，将左右绳环拉引至想要打结的位置并拉紧。

绳结专栏 2

可根据个人喜好，按照图 1~4 的制作方法，编出一根扁平的长绳。每一个结扣往斜上方牢牢拉紧，形状就好像竖起的爪子，这样绳结就会整齐而又美观。在打绳结时，左右两边用均等的力量来拉伸很重要。

释迦结

只用一根绳子就做出的，像小花一样的圆形装饰绳结。
最适合用来烘托首饰的光彩。

1. 想在绳子的中央打出绳结时，右边绳子需多留3cm。

2. 左侧向右侧打出绳环，向下方折，从绳环下方穿过。

3. 将右边的绳子从绳环中穿过，依下上下上的次序从绳环中穿过。

4. 接下来拉回右边，从右边绳环的下方向上穿过。

5. 接下来从旁边的三角处从上往下穿入，并向上拉出。

6. 这时就有4个绳环打好了，这时上、下方各会出一根绳子。

7. 沿着箭头的方向拉紧上下的绳环，使左右两侧的绳环缩小。

8. 按住结扣并拉伸上方和下方的绳子。重复图7~8的方法，一点点地拉紧并调整形状。

淡路结

这种绳结的应用范围非常广泛，多用于装饰绳结。
即使是新手也可以轻松地打出这种结。

1. 绳子的下端留出4cm，将上端绕圈并在右边做出一个绳环。接下来往下压在绳环上方的中央。

2. 将右边的绳子从左绳绳端下方穿过，再从左到右，依上下上下地次序从绳环中穿过。

3. 拉住打出第三个绳环的那根绳。

4. 将绳环调整为均等大小。

5. 沿箭头的方向，将左右两侧的绳环往外侧拉伸，以缩小中央的绳环。

6. 拉伸左右两边的绳，使三个绳环的大小一致。如果要再穿入多根绳子，需要为这些绳子留出空间。

7. 将另一根绳子沿着之前打好的绳环的走向依次穿绕。

8. 将后面多出来的绳子齐边剪断并用黏合剂粘合。

9. 翻过来绕圈，与另一头的绳子连接做出绳环，涂上黏合剂固定。

绳环

淡路球结

在淡路结的基础上打出球形绳结。有时会放一颗木制念珠在里边作为结芯。从淡路结的步骤7开始。

1. 将淡路结步骤7中的2根绳子增加到3根。用指尖从绳结的后方往上推压绳结中央，使其形状变得像圆球。

2. 按顺序穿绕外侧多出来的绳子并拉紧，使其形状更接近圆球形。

3. 当一侧有3根绳子伸出来时，将另一侧的3根绳子向上重叠着穿出。

4. 将两侧的绳子齐边剪断，涂上黏合剂以固定绳结。这样一来绳子就连在一起了。

绳结专栏 3

淡路结（球结）根据不同拉伸方式和制作方法，可以做出多种形状的绳结，广泛应用于胸针、戒指、吊饰等各式各样的饰品上，是一种美观而简便的绳结。即使之前没有编制绳结的经验也可以轻松做出，因此非常推荐大家尝试。

淡路连结

连续打出多个淡路结就可以做出宽幅蕾丝花边的效果。
根据个人喜好，编织出一定长度后，可应用于各种各样的饰品。

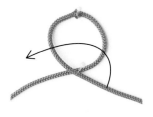 

1. 将绳子对折，使左绳在上，两根绳子交叉。将右绳放到绳环上方，做出第二个绳结。

2. 将左绳按照图中箭头所指，依下上上下下的次序从中央绳环中穿过。

3. 请注意图中圆圈所指的地方：左侧的绳子在上、右侧的绳子在下。

4. 像图1那样，使左右两根绳子在中央交叉，将右绳按照图中箭头所示，从绳环中穿过。

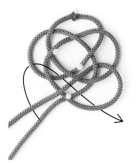   

5. 将左绳按照图中箭头所示，从绳环中穿过。

6. 这样绳环一左一右地逐渐增加。请注意图中圆圈所指的绳端穿出的地方。

7. 根据个人喜欢的数量重复图4~6的步骤。

8. 将图4~6的步骤重复4次之后的样子。

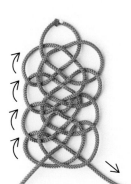 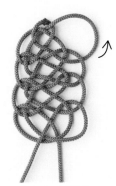 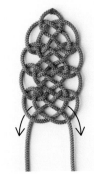

9. 与淡路结（请参照p34）的拉法一样，从上到下按顺序将左右绳环的下端逐层往下拉。

10. 左侧拉完后，右侧的绳环也以同样的方式来拉。

11. 右绳的绳端从上方、左绳的绳端从下方穿出。打最后一个绳结时参照淡路结（请参照p34），以同样的方法收尾。

平结

这是一种用两根绳子来束扎多根绳子的扁平状的绳结。
可用来调节项链以及手链的长度。

1. 将左边的蓝色绳从左到右放置于芯绳之上，右边的橙色绳竖着放在蓝色绳之上。

2. 将右边的橙色绳从芯绳下方穿出，并置于左边绳环的上方。

3. 将左右两根绳稍稍拉紧。

4. 将右侧的蓝色绳放在芯绳之上，再把左侧的橙色绳竖着放在上方。

5. 将橙色绳从芯绳下方穿出，并置于右边绳环的上方。

6. 将绳子拉紧、左右交互联结，这样就做好了1个平结。

7. 根据个人喜好，多次重复图1~6的步骤。

绳结专栏 4

（左）结出平结后余线的处理方法：使绳子穿过背面的横结扣后将其齐边剪断并用黏合剂固定，粘合时请注意避免将里面的芯绳也一并粘住而无法移动。

（右）44的项链（参照p23），将两侧的绳子一并当作芯绳，用其他绳子打出平结来束扎，可用来调整项链长度。将用于束扎的绳子对折、从芯绳下方穿过再开始打结。这种方法同样适用于手链。

菊结

具有代表性的花形装饰绳结。
这里介绍大小各4片花瓣且各自大小一致的基本形。

1. 将绳子对折，在上方和左右各做1个大小相同的绳环并用大头针固定，再将上方的绳环顺时针往下翻折。

2. 翻折后用大头针固定，翻折弧稍微留出一些空间。将右边的绳环按图中箭头所示往左边翻折。

3. 接下来将下方的绳子往上翻折并置于左边的两个绳环之上。

4. 将左边的长绳环穿过步骤2中折出的翻折弧。

5. 将翻折后的上绳环和左右绳环往外侧拉伸，稍稍拉紧中央的结扣。

6. 将结扣稍稍拉紧后的效果。

7. 将绳结上下翻转，使它们位置与图1中的一样，之后再重复图1~5的步骤。

8. 打好第二个绳结后，稍稍拉紧的效果。

9. 将它翻过来，这面才是正面。

10. 轻轻按住结扣并将右上方的白绳一点一点地拉，就可拉出一个绳环（参照下图，以下相同）。

11. 将右下方的红绳往外侧拉出。

12. 接下来将左下方的红绳往外侧拉出。

13. 接下来将左上方的白绳往外侧拉出。将4个绳环调整为相同的大小。

14. 将上方和左右的绳环以及下面的绳子往外侧拉伸、使中央拉出一个四角形的结扣。

15. 翻过来，将其中一侧的绳子拉回到它原来的结扣处打出一个绳环。将剩下的绳子齐边剪断，涂上黏合剂粘好。

16. 为了避免结扣散开，在结扣中间也得涂上少量黏合剂。

绳结专栏5
〈菊结的绳环的拉法〉

翻回正面，用大拇指轻轻压住中央的四角形的结扣，按照步骤10~13的顺序拉出绳环。根据个人喜好，将四个绳环调整为4个圆环后拉紧上方的绳环、左右的绳环以及下方的绳子。不要一次拉动太多，在掌握整体的平衡的基础上一点一点地重复拉动。根据与饰品的搭配，最后多出来的绳子可做出绳环，也可以保持原样。

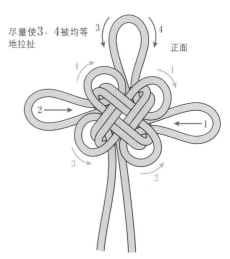

请注意：拉动下方多出来的绳子，右边的2个绳环会变大。

5 项链

使用不同配色和宽度的3根细绳做出的淡路结。

<材料>5-1：亚洲细绳／2.5mm规格，粉色30cm；1mm规格，朱红色、蛋壳色各30cm；粉色90cm流苏花边；玻璃珠1个
5-2：亚洲细绳／2.5mm规格，灰绿色30cm；1mm规格，胭脂色30cm、淡褐色30cm；1mm规格，淡褐色90cm；银色铜珠1个

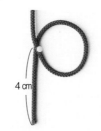 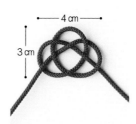 

④用反手结来调节项链的长度

3cm

0.5cm

⑤线圈结（请参照p29）留出0.5cm

35cm

1. 用粉色30cm细绳（2.5mm规格）打出淡路结。

2. 稍稍拉伸，调整3个绳环。

3. 使用蛋壳色30cm细绳（1mm规格）从左边沿着绳环内侧穿绕。

4. 使用朱红色30cm细绳（1mm规格）沿着绳环的外围穿绕。

5. 再稍稍拉紧。从内侧一根一根拉动，在完成时绳环间的空隙会更小。

6. 3根细绳都拉紧。

7. 翻到背面，齐边剪掉细绳、粘贴。

8. 用另一侧的细绳做出绳环，分2次涂上黏合剂固定。剩下的部分用打火机烧一下（参照p47）。

9. 淡路结的胸针做好了。

③穿入玻璃珠

②粉色90cm的细绳（1mm规格）从淡路结中穿过

朱红色30cm细绳（淡褐色）

粉色30cm细绳（灰绿色）

蛋壳色30cm细绳（胭脂红）

2.5cm

起点

①1根2.5mm规格粉色细绳与2根1mm规格细绳（朱红色、蛋壳色各取30cm）打出的淡路结

*（）内为项链5-2

10. 绳环与绳环的连接处也涂上少量的黏合剂以保证绳结稳定。

11. 用锥子在上方的绳环上钻一个1mm大小的孔。

12. 将90cm的细绳（1mm规格，粉色）从钻开的孔中穿过。

13. 将左右两边的长度调整一致，穿入小圆珠。

14. 在离中心35cm的左右两处各用细绳打一个反手结（参照p28），用来调整项链的长度。

15. 将绳结拉紧后的效果，拉动左右两边的细绳，可以调节长度。

16. 在细绳的绳头处打一个线圈结（参照p29），留出0.5cm后整齐地剪断，再用打火机烧一下（参照p47）。

2,22～33 戒指

用淡路结做出的立体造型戒指。

〈材料〉示例：亚洲细绳 / 2.5mm规格，嫩草色30cm；1mm规格，淡紫色30cm，2根

2：亚洲细绳 / 2.5mm规格，淡粉色30cm；1mm规格，黄色段染30cm，2根

*22～33的材料请参照p56

1根2.5mm规格细绳与2根1mm规格的细绳各取30cm、用这3根一起编织淡路结（请参照p34），再将它做成戒指

1.5cm

2.3cm

外径2.5cm
内径1.8cm

1. 1根2.5mm规格的嫩草色细绳与2根1mm规格的细绳各取30cm、用这3根绳一起编织淡路结。

2. 将锥子的把手部分穿入步骤1中的星形处的绳环，将多出的细绳一次绕圈。

3. 一边比对着自己手指的大小一边编织并拉紧。

4. 将3根细绳的一头留出0.5cm后剪断，涂上黏合剂。

5. 将3根细绳的另一头留出0.8cm长，整齐地剪断，涂上黏合剂。

6. 固定步骤4和图步骤5中的绳头，将接头处的细绳稍稍往里拉以隐藏绳头。

7. 内侧涂上少量的黏合剂以收尾。

12 戒指

调整菊结中绳环的拉伸方法，做出的可爱的蝴蝶形绳结。

<材料>
暮雪品牌罗塞塔细绳 / 1：香槟色、2：白色、3：朱红色，每色各取40cm

蝴蝶形绳结的制作方法

反面　　　　　正面

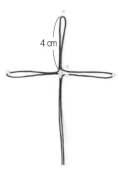

4 cm

1. 将40cm的细绳对折、在上方和左右两侧打出绳环，长度为4cm。

2. 将上方的绳环沿顺时针方向往下翻折。

3. 参照菊结的制作方法（参照p8步骤6）。

4. 翻面，上下翻转。

5. 一边轻轻地按住结扣，一边拉左下方的绳子、拉出绳环（参照p43右下角的图、下同）。

6. 拉动右下方的绳子，拉出绳环。

7. 拉动右上方的绳子，将绳环拉大，拉至下方的绳环变成适当大小。

8. 拉动左上方的绳子，将绳环拉大，拉至右侧的绳环变成适当大小。

9. 用大拇指指甲从两侧推挤出四角形的绳结并拉紧。

10. 蝴蝶结打好后的效果。剩下的绳子留出2cm后整齐地剪断。

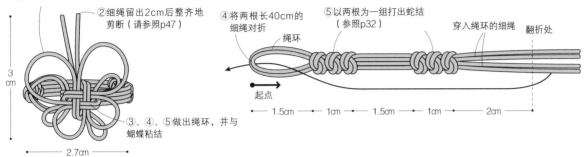

①长40cm的细绳打出的边长为
4cm的菊结（请参照p38~39）
将其形状调整为蝴蝶形

②细绳留出2cm后整齐地
剪断（请参照p47）

③、④、⑤做出绳环，并与
蝴蝶粘结

3cm

2.7cm

④将两根长40cm的
细绳对折

绳环

⑤以两根为一组打出蛇结
（参照p32）

穿入绳环的细绳

翻折处

起点

1.5cm — 1cm — 1.5cm — 1cm — 2cm

戒指的收尾

1.5cm   绳环

1. 将两根长40cm的细绳对折，
在两根绳的中心都用大头针固
定住，在其下方1.5cm的地方
也穿入大头针，以两根为一组
打出蛇结。

2. 连续打出2个蛇结、总共打出3
个蛇结。

1.5cm

3. 从2往下1.5cm的地方穿入大
头针，再打出3个蛇结。

4. 在上图所示的位置翻折细绳，
再插入绳环中，用黏合剂粘
合，然后留出0.5cm剪断。

5. 将上页做好的蝴蝶粘贴到4
上，这样戒指就做好了。

菊结变蝴蝶结的绳环拉伸方法

正面

1、2尽量均等地拉出

绿字、箭头：拉出的绳子
蓝字、箭头：被拉动的绳子

请注意，拉动上方多出的两根绳子，
会使左边的两个绳环变大

43

38 手链

用扁平的皮质细绳编出释迦结。重点在于细绳的正面和背面的使用顺序。

〈材料〉时尚皮革细绳 / 1：紫罗兰色、2：橙红色、3：蓝色
123相同，每条手链需要使用50cm细绳1根和合金饰品1个

1. 将细绳对折，使右边多出3cm。用大头针固定住、拉起左侧的细绳。

2. 做出绳环，接下来往下翻折并穿过绳环。

3. 将右边的绳子依下上下上的次序从绳环中穿过。

4. 再使其回到右边、按图中箭头所示，从右侧绳环中穿过。

5. 4个绳环做好后的效果。打完结之后，结扣的后方会上下各穿出一根绳。

6. 按图中箭头所示，拉动上下两个绳环，以缩小左右两边的绳环的大小。

7. 拉动上下两根细绳，以缩小上下两个绳环的大小。

8. 多次重复步骤6、7后就可做出小巧的花形绳结。尽量使绳结在细绳的中央。

9. 在左边的细绳中穿入合金饰品，在离绳结7.5cm处打出一个半结，留出1.5cm后将细绳斜着剪断。

10. 将右侧的细绳在离绳结13cm处对折，在其下方1.5cm处打一个半结并做出绳环。留出3cm后将绳端斜着剪断。

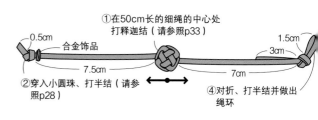

①在50cm长的细绳的中心处打释迦结（请参照p33）

0.5cm　合金饰品

②穿入小圆珠、打半结（请参照p28）

7.5cm

7cm

1.5cm

3cm

④对折、打半结并做出绳环

44

40 发簪

将用释迦结打出的若干个小花形结连续并排在一起而成的发梳。

〈材料〉时尚皮革细绳 / 橙红色，40cm
发梳金属配件 / 银色发梳 宽2.3cm 1个；3号天蚕丝（鱼线）30cm

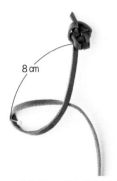

1. 用长40cm的细绳打出释迦结（请参照p44的步骤**2~7**）、并将其移动至细绳的一端。在释迦结下面8cm的地方用大头针固定住，开始打第二个释迦结（请参照本页左下图）。

2. 将带有第一个释迦结那一端的细绳翻折，再从绳环下方穿过后继续打新的释迦结。（请参照p44的图**2~7**）

3. 两个没拉紧的释迦结打好后的效果。

4. 与打第一个释迦结时的做法一样，使第二个释迦结紧贴第一个。

5. 翻过来，在两个释迦结间留出0.5cm后，将剩下的细绳剪断。

6. 往绳结的背面穿入30cm的天蚕丝（鱼线），穿到发梳的背后并绕圈到梳子间以固定。

7. 用剩下的天蚕丝（鱼线）牢牢地再打两次结，往绳结上涂上黏合剂，留出0.5cm后剪断。

移动释迦结时的拉伸方法

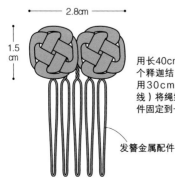

用长40cm的细绳打出两个释迦结（请参照p33）用30cm的天蚕丝（鱼线）将绳结与发梳金属配件固定到一起。

发簪金属配件

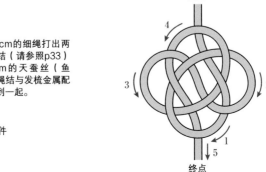

起点

终点

细绳和工具

细绳

牛皮细线（1mm规格）
纤细而柔软的皮质细绳。可以轻易地穿入小圆珠，最适合用来制作纤细的饰品。

时尚皮革细绳（3mm规格）
有各种颜色的多彩扁平皮质细绳。背面被加工得十分光滑，用它打出的绳结会体现出与圆绳不同的质感。

时尚细绳（1.5mm规格）
对棉绳进行树脂加工以做出皮质光泽的细绳。可用于制作各种各样的饰品。

工具

❶ 大头针
用于在操作板上固定住绳子以便打结。

❷ 软木面板
用于和大头针一起牢牢地固定住绳结和细绳。

❸ 小镊子
用于拉出细绳以及按顺序拉松绳子。

❹ 锥子
用于解开绳结以及拉拔绳环。

❺ 黏合剂
用于固定结扣，也可用在绳端。推荐使用干后表面无色透明的黏合剂。

❻ 剪刀
用于剪断绳子，推荐使用小一点的刀尖较细的剪刀。

❼ 牙签
用于涂抹黏合剂。

❽ 打火机
用于烧细绳，使其绳头变细。

❾ 卷尺
用于测量绳子的长度以及绳结与绳结间的距离。

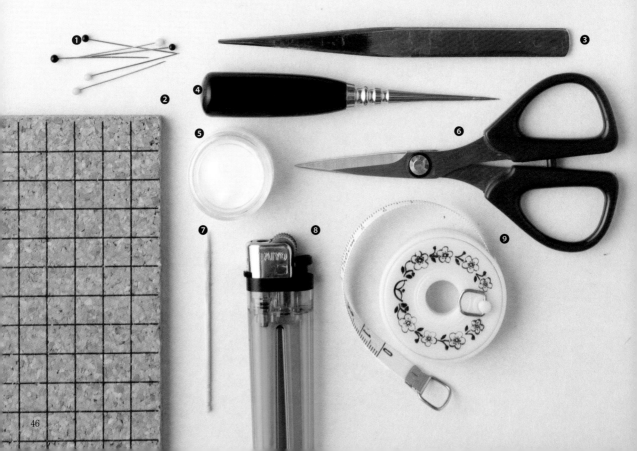

暮雪罗塞塔细绳（1mm规格）

其特征为优雅的光泽和弹力感，质地稳固。在剪断前测量其长度、在两端涂上少量黏合剂固定后再剪更容易。

亚洲细绳（2.5mm规格）

用来打绳结时弹力较好，用来打花形绳结时可将形状调整得比较美观。此外还有1mm规格的特细款。初学者可以先试用2.5mm规格的细绳，这样收尾较为简单。

亚洲细绳（特细段染款）

3色~7色重复出现，一根绳就可做出多彩的作品。

细绳与工具的使用方法

将小圆珠穿入亚洲细绳时

将小圆珠穿入皮质细绳、时尚细绳时

1. 用打火机轻轻烧一下细绳绳头，这样就可以做出绽线扣。

2. 待纤维熔化后马上将其放到纸上，并用指尖边转动绳头边拉伸1cm，使其绳径细到像针一样。

斜着剪断细绳，待其磨耗一些后再剪一次。

（用钳子）将9形别针扭圆

1. 将小圆珠穿入9形别针，齐边将针弯折为直角。

2. 微微扭弯针尖。

3. 沿着钳尖的圆度和粗细扭弯针体。

4. 将针体扭成闭合的圆圈。

系上绳扣金属配件

1. 在多根系上的绳头上涂上黏合剂，再将其收入金属配件中并用钳子从两侧夹紧。

2. 接下来，再从上方或者斜上方夹紧金属配件并稳稳地封住金属配件下方的小口。

暮雪罗塞塔细绳的剪切方法

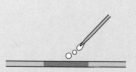

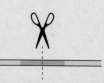

①在剪口1cm处涂上黏合剂并使其渗透入绳体。

②待黏合剂干了之后再用剪刀剪断。

　　许多来我的教室学习的学员会说"色彩搭配真难""我不喜欢这个颜色""这个颜色不适合我"等等。

　　用什么颜色的确是让人烦恼的问题。单说红色就可以举出暗红、偏黄的红、淡红等多种红色，有可能当中的某一种红色很好看，但它该与哪种颜色搭配，还是会让很多人犯难。也许根据星座占卜等来决定某种颜色稍微简单一些，但就这样草率地决定未免有些可惜。

　　樱花色、淡香色、路考茶色——这些颜色的名字起源于植物的名字和日本江户时代的人气演员的名字。

　　日本的色彩名字很美，蝉之羽色、枯色、冰重色，这些是在遥远的平安时代的人们模仿自然的颜色，将正面和背面的衣料重叠在一起而取出的"重叠色调"的名字。即使在今天，这些名字依然会使我们浮想出四季时刻的情景。

　　日本人会将在春夏秋冬时感受到的自然和事物表现在食物、服装、和歌等等载体中以丰富自己的日常生活。这些颜色也随着习俗经过多次变迁，有的颜色和它背后的故事流传至今。

　　通过制作装点四季的12款戒指可以了解各种颜色所承载的故事，重新体会日本人自古以来的生活滋味的深度，拥有更好的时光。

　　如果大家也想向别人分享这样思想，我会非常高兴。

知光薰

photo ··· 146

1 腰带带扣的材料

亚洲细绳 / 2.5mm规格 淡粉色 30cm
1mm规格 黄色段染款 30cmX2根
腰带带扣金属配件/银制零件 直径20mm 1个
毛毡/淡粉 少许

4 项链的材料

亚洲细绳 / 2.5mm规格 淡粉色 55cm
1mm规格 淡粉色段染款 55cmX2根、90cm1根
流苏玻璃珠 / 1个

6 挂饰的材料

亚洲细绳 / 2.5mm规格 黄色 30cm
1mm规格 黄色段染 30cm、15cm各1根
1mm规格 灰绿色 30cm
流苏玻璃珠 / 1个
金属环 / 1个
绳扣金属配件 / 银色 1个

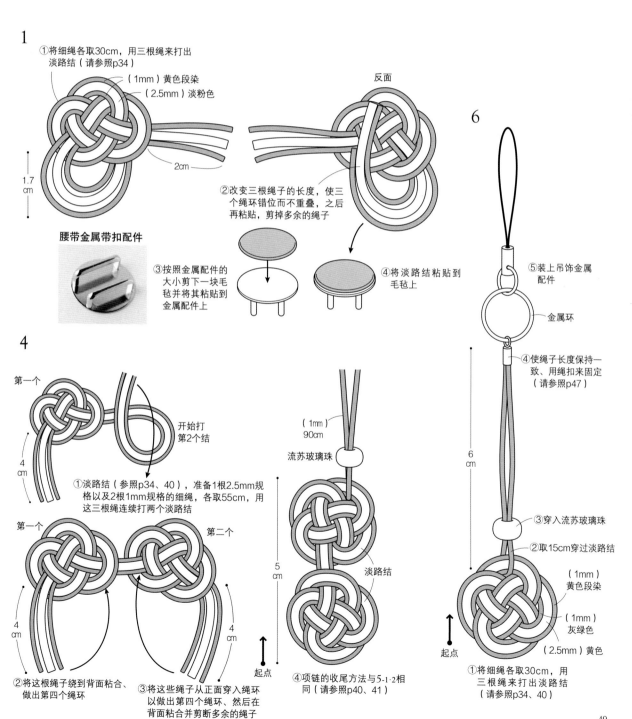

1

①将细绳各取30cm，用三根绳来打出
淡路结（请参照p34）

（1mm）黄色段染
（2.5mm）淡粉色

2cm

反面

1.7cm

②改变三根绳子的长度，使三个绳环错位而不重叠，之后再粘贴，剪掉多余的绳子

腰带金属带扣配件

③按照金属配件的大小剪下一块毛毡并将其粘贴到金属配件上

④将淡路结粘贴到毛毡上

4

第一个

开始打第2个结

4cm

①淡路结（参照p34、40），准备1根2.5mm规格以及2根1mm规格的细绳，各取55cm，用这三根连续打两个淡路结

第一个

第二个

4cm

4cm

4cm

②将这根绳子绕到背面粘合、做出第四个绳环

③将这些绳子从正面穿入绳环以做出第四个绳环、然后在背面粘合并剪断多余的绳子

（1mm）90cm

流苏玻璃珠

淡路结

5cm

起点

④项链的收尾方法与5-1·2相同（请参照p40、41）

6

⑤装上吊饰金属配件

金属环

④使绳子长度保持一致、用绳扣来固定（请参照p47）

6cm

③穿入流苏玻璃珠

②取15cm穿过淡路结

（1mm）黄色段染

（1mm）灰绿色

（2.5mm）黄色

起点

①将细绳各取30cm，用三根绳来打出淡路结（请参照p34、40）

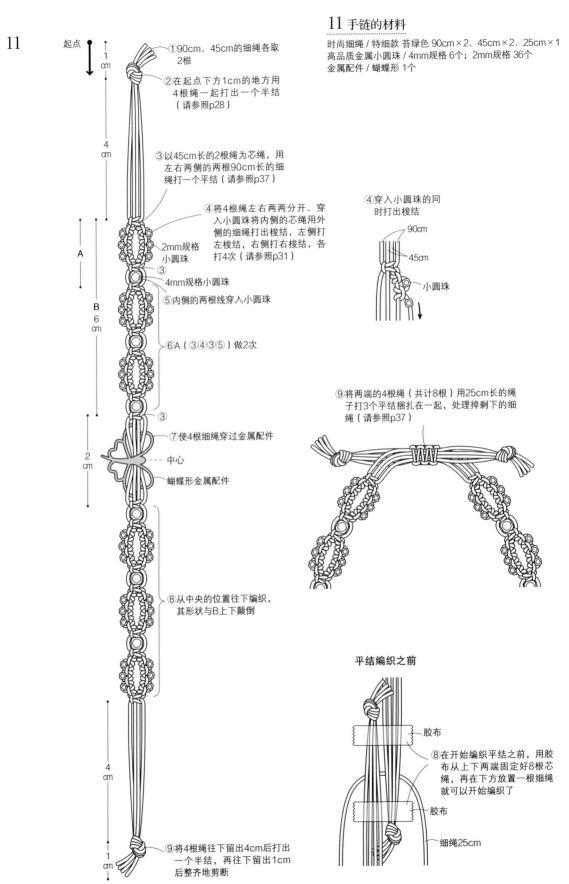

11

起点

1 cm

4 cm

A

B 6 cm

2 cm

①90cm、45cm的细绳各取2根

②在起点下方1cm的地方用4根绳一起打出一个半结（请参照p28）

③以45cm长的2根绳为芯绳，用左右两侧的两根90cm长的细绳打一个平结（请参照p37）

④将4根绳左右两两分开、穿入小圆珠将内侧的芯绳用外侧的细绳打出梭结，左侧打左梭结，右侧打右梭结，各打4次（请参照p31）

2mm规格小圆珠

③

4mm规格小圆珠

⑤内侧的两根线穿入小圆珠

⑥A（③④③⑤）做2次

⑦使4根细绳穿过金属配件

中心

蝴蝶形金属配件

⑧从中央的位置往下编织，其形状与B上下颠倒

4 cm

1 cm

⑨将4根绳往下留出4cm后打出一个半结，再往下留出1cm后整齐地剪断

11 手链的材料

时尚细绳 / 特细款 苔绿色 90cm×2、45cm×2、25cm×1
高品质金属小圆珠 / 4mm规格 6个；2mm规格 36个
金属配件 / 蝴蝶形 1个

④穿入小圆珠的同时打出梭结

90cm

45cm

小圆珠

⑨将两端的4根绳（共计8根）用25cm长的绳子打3个平结捆扎在一起，处理掉剩下的细绳（请参照p37）

平结编织之前

胶布

⑧在开始编织平结之前，用胶布从上下两端固定好8根芯绳，再在下方放置一根细绳就可以开始编织了

胶布

细绳25cm

7 手链的材料

1：亚洲细绳 / 绿色特细款 150cm、110cm
流苏玻璃珠 / 1个
2：亚洲细绳 / 特细 绿色段染 150cm、110cm
流苏玻璃珠 / 1个
3：亚洲细绳 / 黄色特细款 150cm、110cm
流苏玻璃珠 / 1个

8 项链的材料

亚洲细绳 / 黄色特细款 210cm×2、170cm×2
流苏玻璃珠 / 1个

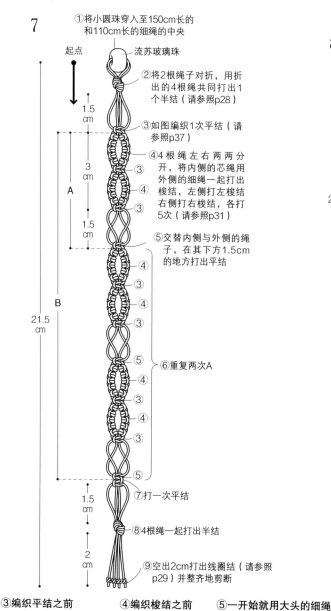

7

起点

①将小圆珠穿入至150cm长的和110cm长的细绳的中央

流苏玻璃珠

②将2根绳子对折，用折出的4根绳共同打出1个半结（请参照p28）

1.5cm

③如图编织1次平结（请参照p37）

3cm

A

④4根绳左右两两分开，将内侧的芯绳用外侧的细绳一起打出梭结，左侧打左梭结右侧打右梭结，各打5次（请参照p31）

1.5cm

⑤交替内侧与外侧的绳子，在其下方1.5cm的地方打出平结

B

⑥重复两次A

21.5cm

⑦打一次平结

1.5cm

⑧4根绳一起打出半结

2cm

⑨空出2cm打出线圈结（请参照p29）并整齐地剪断

8

起点

中心

①将2根210cm长的细绳与2根170cm长的细绳在中央对折

18cm

②从中心起在左右两边往下18cm处用4根绳一起打出1个半结（请参照p28）

2cm

③从②往下留出2cm后打出1个平结（请参照p37）

17cm

④与作品7的B的编织方法相同

⑤与作品7的④的编织顺序相同，编织出5个梭结（请参照p31）

⑥在其1.5cm下方交换内侧和外侧的绳子后打出平结。

0.3cm

流苏玻璃珠

⑦将8根绳穿入小圆珠中，挑出其中1根来做绳环而不翻折。用同一根绳子和另外8根绳子一起打出汇总结

6.5~7.5cm

⑧使剩下的绳子长度不一，并在绳头打出线圈结（请参照p29）后剪断

③编织平结之前

1.5cm

在上方用大头针固定住需要打绳结位置，在下方固定住芯绳

④编织梭结之前

用大头针稳稳地固定住芯绳

⑤一开始就用大头的细绳

1.5cm

交替外侧和内侧需要打绳结的位置

13 胸针的材料

1：暮雪罗塞塔细绳 / 朱砂色 45cm；黑色 35cm
2：暮雪罗塞塔细绳 / 香槟色 45cm；白色 35cm
3：暮雪罗塞塔细绳 / 黑色 45cm；银灰色 35cm
*123相同 曲别针各1个

14 手链的材料

1：牛皮细绳 / 2mm规格 沙色 150cm 骨珠 / 1个
2：牛皮细绳 / 2mm规格 橙色 150cm 骨珠 / 1个

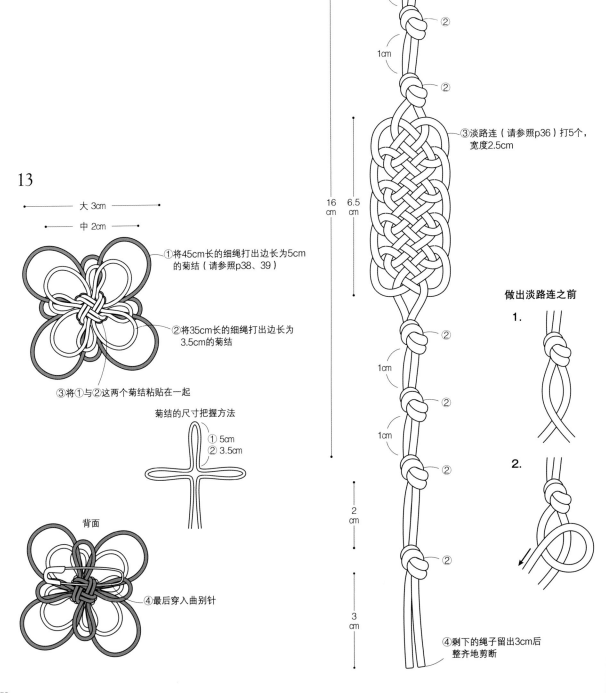

13

大 3cm
中 2cm

①将45cm长的细绳打出边长为5cm的菊结（请参照p38、39）

②将35cm长的细绳打出边长为3.5cm的菊结

③将①与②这两个菊结粘贴在一起

菊结的尺寸把握方法
①5cm
②3.5cm

背面

④最后穿入曲别针

14

起点

骨珠

①将小圆珠穿入至150cm长的细绳的中央

②用2根绳一同打出一个半结（请参照p28）

③淡路连（请参照p36）打5个，宽度2.5cm

1cm
1cm

16cm
6.5cm

2cm
3cm

1cm
1cm
1cm

做出淡路连之前

1.

2.

④剩下的绳子留出3cm后整齐地剪断

9 挂饰的材料

1：暮雪罗塞塔绳 / 朱砂色 60cm、40cm
金属配件 / 玫瑰形 1个
金属圆环 / 金色 1个
2：暮雪罗塞塔细绳 / 白色 60cm、40cm
金属配件 / 蜻蜓形 1个
金属圆环 / 金色 1个
3：暮雪罗塞塔细绳 / 莴苣绿色 60cm、40cm
金属配件 / 小巧四叶草 1个
高品质金属小珠 / 2mm规格 3个
金属圆环 / 金色 1个
9形别针 / 金色 1根
装饰腰带的小板/金色丝线 1个

10 胸针的材料

1：亚洲细绳 / 1mm规格 蛋壳色18cm×3
2：亚洲细绳 / 1mm规格 橙色18cm×3
3：亚洲细绳 / 1mm规格 深绿色18cm×3
4：亚洲细绳 / 1mm规格 藏青色18cm×3
*1、2、3、4相同 曲别针各1个

46 小饰品的材料

暮雪罗塞塔细绳 / 卡普里蓝 60cm、40cm
金属配件 /1个
圆环 / 金色 1个

9 46

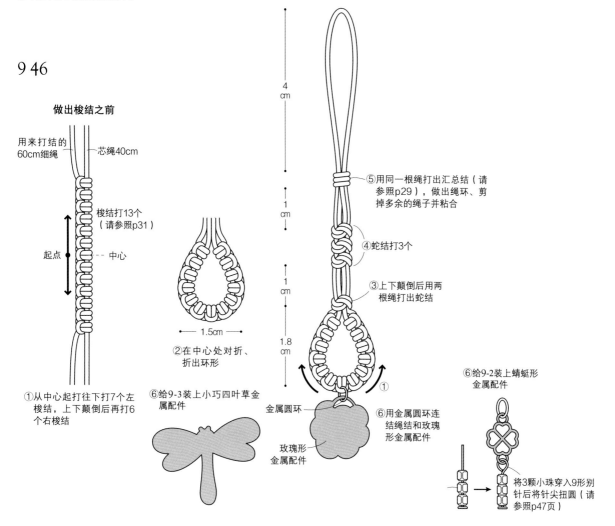

做出梭结之前

用来打结的 60cm细绳
芯绳40cm

梭结打13个（请参照p31）

起点
-- 中心

①从中心起打往下打7个左梭结，上下颠倒后再打6个右梭结

②在中心处对折、折出环形 1.5cm

⑥给9-3装上小巧四叶草金属配件

4 cm
1 cm
1 cm
1.8 cm

⑤用同一根绳打出汇总结（请参照p29），做出绳环、剪掉多余的绳子并粘合

④蛇结打3个

③上下颠倒后用两根绳打出蛇结

金属圆环

玫瑰形金属配件

①

⑥用金属圆环连结绳结和玫瑰形金属配件

⑥给9-2装上蜻蜓形金属配件

将3颗小珠穿入9形别针后将针尖扭圆（请参照p47页）

10

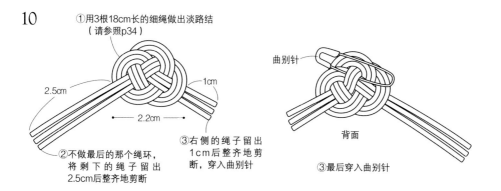

①用3根18cm长的细绳做出淡路结（请参照p34）

2.5cm
1cm
2.2cm

②不做最后的那个绳环，将剩下的绳子留出2.5cm后整齐地剪断

③右侧的绳子留出1cm后整齐地剪断，穿入曲别针

曲别针

背面

③最后穿入曲别针

15 项链的材料

1：牛皮细绳 / 1mm规格 雪白色 60cm；蓝色 85cm
2：牛皮细绳 / 1mm规格 深棕色 60cm；天然色 85cm

*1、2相同 古风金属零件 / 1个
高品质金属小珠 / 2mm规格 26个

16 吊坠的材料

1：牛皮细绳 / 1mm规格 深棕色 35cm、30cm；天然色 30cm
2：牛皮细绳 / 1mm规格 蓝色 35cm、30cm；雪白色 30cm
*1、2相同 金属配件/ 翅膀心形 1个
金属圆环 / 1个 绳扣 1个
小圆环/古美金色 2个

②四色编的制作方法

深棕色
（蓝色）

自然色
（雪白色）

（ ）内为16-2
的颜色

②图中所示均为牛皮
细绳做出的绳

16

⑤细绳的穿法

反面

金属圆环

小圆环

绳扣

⑤往①的背面
穿入4根细绳

⑥在离④3cm的地方剪断4
根细绳、装上绳扣金属
配件（请参照p47）

①将35cm长的细绳对
折、以边长3.5cm的
尺寸编织菊结（请
参照p38、39）

④用反手结将4根绳扎在1起
（请参照p28）

③编织3.5cm的四色编

②将2根30cm长的
绳对折、如图打出四
色编（请参照p30、
31）

起点

翅膀心形
金属配件

小圆环

⑦在绳结结头处穿入小
圆环、装上翅膀心形
金属小零件

15

⑥穿入古风金属零件、同⑤一样将细
绳对折、在其下方一点点的地方用
两根绳打出半结

古风金属零件

⑦

⑤在离最后1个半结12.5cm
处将细绳对折、用两根绳
一同打出半结、做出绳环

⑦从绳头穿入小珠、在其上方
和下方各打出一个半结固
定、留出2.3mm后剪断

④穿入2个圆珠

④

③

*左右对称编织

③穿入2个圆珠、在相隔
1.5cm处打出半结、总
共重复5次

起点

中心

金属小珠

①将60cm的细
绳对折、以1
边3.5cm的尺
寸连续编织2
个菊结（请参
照p38、39）

②将85cm的细绳穿过①
的两个菊结的中心、
在离中心6cm的地方
左右各打出1个半结
（请参照p28）

15 16 相同
菊结的尺寸

3.5cm

第2个菊结的尺寸

2cm

3.5cm

用大头针固定
住结绳、定好
尺寸

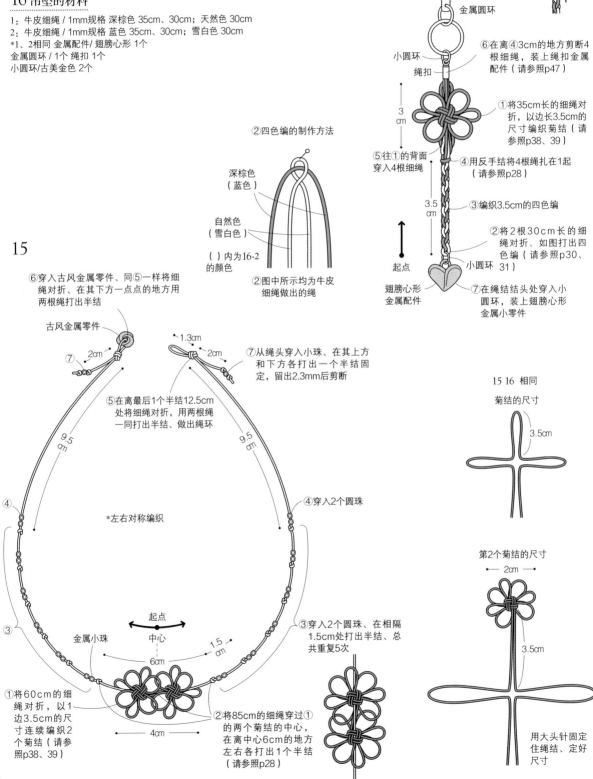

18 发夹的材料
1：亚洲细绳 / 2.5mm规格 淡紫色 70cm；
1mm规格 淡紫色 50cm长 发夹 1个
2：亚洲细绳 / 2.5mm规格 海昌蓝色 70cm；
1mm规格 海昌蓝色 50cm 发夹 1个

19 发夹的材料
1：暮雪罗塞塔细绳 / 朱砂色 20cm×3
2：暮雪罗塞塔细绳 / 浅黄棕色 20cm×3
3：暮雪罗塞塔细绳 / 黑色 20cm×3
4：暮雪罗塞塔细绳 / 卡普里蓝色 20cm×3
1、2、3、4相同 发夹各 1根

20 发针的材料
暮雪罗塞塔细绳 / 卡普里蓝色 40cm U型针1根

21 发夹的材料
1：暮雪罗塞塔细绳 / 浅黄棕色 45cm、35cm
2：暮雪罗塞塔细绳 / 朱砂色 45cm、35cm
3：暮雪罗塞塔细绳 / 葡萄紫色 45cm、35cm
1、2、3相同 发夹各 1根

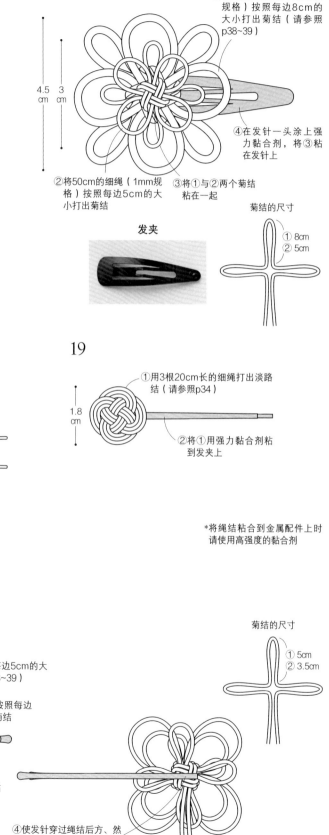

18

4.5 cm　3 cm

①将70cm的细绳（2.5mm规格）按照每边8cm的大小打出菊结（请参照p38~39）

④在发针一头涂上强力黏合剂，将③粘在发针上

②将50cm的细绳（1mm规格）按照每边5cm的大小打出菊结

③将①与②两个菊结粘在一起

发夹

菊结的尺寸
① 8cm
② 5cm

20

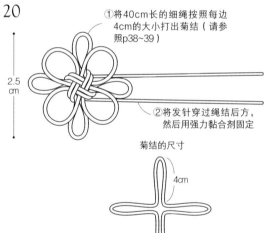

2.5 cm

①将40cm长的细绳按照每边4cm的大小打出菊结（请参照p38~39）

②将发针穿过绳结后方，然后用强力黏合剂固定

菊结的尺寸
4cm

19

1.8 cm

①用3根20cm长的细绳打出淡路结（请参照p34）

②将①用强力黏合剂粘到发夹上

*将绳结粘合到金属配件上时请使用高强度的黏合剂

菊结的尺寸
① 5cm
② 3.5cm

21

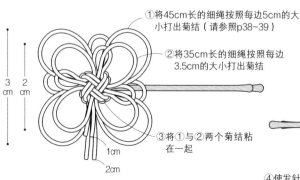

3 cm　2 cm

①将45cm长的细绳按照每边5cm的大小打出菊结（请参照p38~39）

②将35cm长的细绳按照每边3.5cm的大小打出菊结

③将①与②两个菊结粘在一起

1cm
2cm

④使发针穿过绳结后方、然后用强力黏合剂来固定

*菊结收尾时不需将剩下的绳子绕成绳环。

17 领饰的材料

暮雪罗塞塔细绳 / 香槟色 80cm、65cm×2、55cm×2、30cm；
朱砂色 20cm×6、30cm×3
曲别针 1个

④淡路结的制作方法

背面

30cm

20cm

留出1根长的

用于打出绳环的
绳子

17

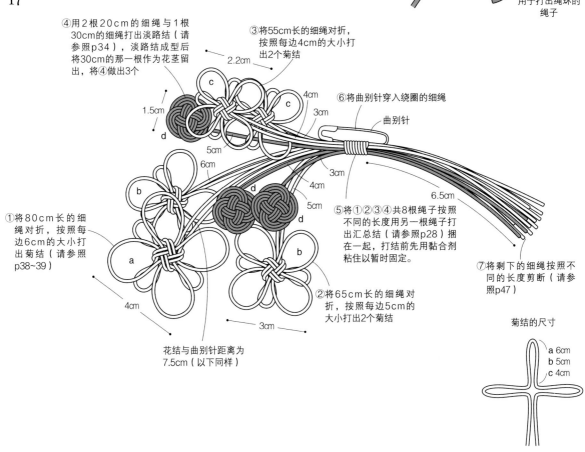

④用2根20cm的细绳与1根
30cm的细绳打出淡路结（请
参照p34），淡路结成型后
将30cm的那一根作为花茎留
出，将④做出3个

③将55cm长的细绳对折，
按照每边4cm的大小打
出2个菊结

⑥将曲别针穿入绕圈的细绳

曲别针

1.5cm

2.2cm

c

c

4cm

3cm

d

3cm

5cm

6cm

b

d

d

3cm

4cm

5cm

6.5cm

①将80cm长的细
绳对折，按照每
边6cm的大小打
出菊结（请参照
p38~39）

a

b

4cm

3cm

⑤将①②③④共8根绳子按照
不同的长度用另一根绳子打
出汇总结（请参照p28）捆
在一起，打结前先用黏合剂
粘住以暂时固定。

⑦将剩下的细绳按照不
同的长度剪断（请参
照p47）

②将65cm长的细绳对
折，按照每边5cm的
大小打出2个菊结

花结与曲别针距离为
7.5cm（以下同样）

菊的尺寸

a 6cm
b 5cm
c 4cm

22~33 戒指的材料

亚洲细绳 / 2.5mm规格 30cm；
1mm规格 30cm×2
*制作方法请参照p41

戒指的配色表

作品编号	2.5mm规格	1mm规格	作品编号	2.5mm规格	1mm规格
22	胭脂色	白色	28	深绿色	黄色
23	嫩草绿色	淡紫色	29	黄色	橙色
24	粉色	白色	30	红色	朱红色
25	红色	灰绿色	31	绿色	淡棕色
26	芥末黄	朱红色	32	绿色	蛋壳白
27	绿色	棕色	33	绿色	胭脂色

3 发簪的材料

亚洲细绳 / 2.5mm规格 淡粉色 30cm；1mm规格 黄色段染
30cm×2
流苏/粉色 1个 金属发簪 1根
圆环/银色 1个

34 发针的材料

1：亚洲细绳 / 2.5mm规格 淡紫色 30cm；1mm规格 嫩草绿色 30cm
长×2
流苏/灰色 1个 U型针 1根
2：亚洲细绳 / 2.5mm规格 灰色 30cm；1mm规格 淡紫色、鸭拓草蓝
各取30cm
流苏 / 绿松石蓝色 1个 U型针 1根
3：亚洲细绳 / 2.5mm规格 黑色 30cm；1mm规格 淡棕色
30cm×2、20cm×2、22cm×1
U形针 1根 手工缝制线 少许

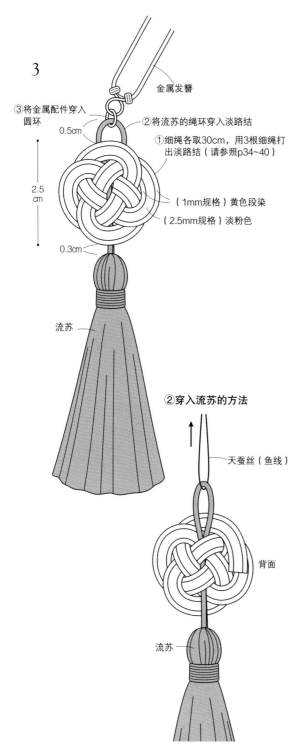

3

③将金属配件穿入
圆环

0.5cm

②将流苏的绳环穿入淡路结

①细绳各取30cm，用3根细绳打
出淡路结（请参照p34~40）

2.5cm

（1mm规格）黄色段染
（2.5mm规格）淡粉色

0.3cm

金属发簪

流苏

②穿入流苏的方法

天蚕丝（鱼线）

背面

流苏

将天蚕丝（鱼线）挂上流苏的绳环，
从淡路结的背面穿入。

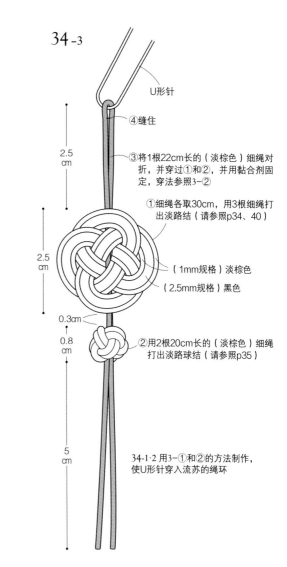

34-3

U形针

④缝住

2.5cm

③将1根22cm长的（淡棕色）细绳对
折，并穿过①和②，并用黏合剂固
定，穿法参照3-②

①细绳各取30cm，用3根细绳打
出淡路结（请参照p34、40）

2.5cm

（1mm规格）淡棕色
（2.5mm规格）黑色

0.3cm

0.8cm

②用2根20cm长的（淡棕色）细绳
打出淡路球结（请参照p35）

5cm

34-1·2 用3-①和②的方法制作，
使U形针穿入流苏的绳环

配色请参照下方的表格

作品编号	1mm规格内侧	1mm规格外侧	2.5mm规格	流苏
34-1	嫩草绿色	嫩草绿色	淡棕色	灰色
34-2	淡棕色	鸭拓草蓝色	灰色	绿松石蓝色
34-3	黑色	黑色	淡棕色	

35 多彩发夹的材料

1：时尚细绳 / 1.5 mm规格 绿松石蓝色 100cm×3
多彩发夹金属配件/银色 6cm×1 毛毡/蓝色 少许
2：时尚细绳 / 1.5 mm规格 米黄色 100cm×3
暮雪罗塞塔细绳 / 白色 70cm
毛毡/米黄色 少许 多彩发夹金属配件/银色 6cm×1

36 多彩发夹的材料

时尚细绳 / 1.5 mm规格 橙色 90cm×3
暮雪罗塞塔细绳 / 生菜绿色 70cm
毛毡/朱红色 少许 多彩发夹金属配件/银色 6cm×1

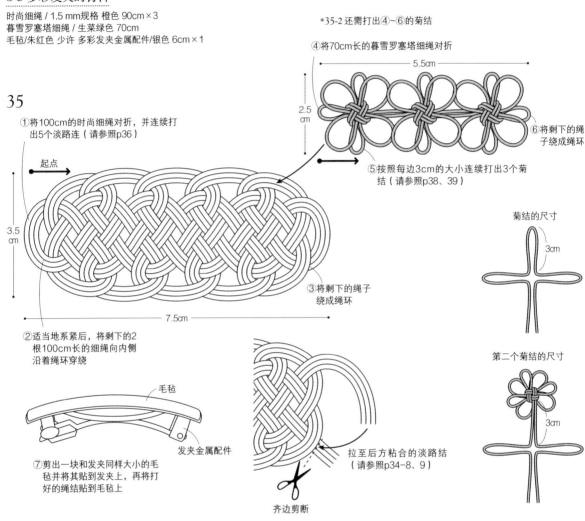

35

①将100cm的时尚细绳对折，并连续打
出5个淡路连（请参照p36）

起点

3.5 cm

7.5cm

②适当地系紧后，将剩下的2
根100cm长的细绳向内侧
沿着绳环穿绕

③将剩下的绳子
绕成绳环

*35-2还需打出④～⑥的菊结

④将70cm长的暮雪罗塞塔细绳对折

5.5cm

2.5 cm

⑤按照每边3cm的大小连续打出3个菊
结（请参照p38、39）

⑥将剩下的绳
子绕成绳环

菊结的尺寸

3cm

第二个菊结的尺寸

3cm

毛毡

发夹金属配件

⑦剪出一块和发夹同样大小的毛
毡并将其贴到发夹上，再将打
好的绳结贴到毛毡上

拉至后方粘合的淡路结
（请参照p34-8、9）

齐边剪断

36

3.5 cm

6.5cm

发夹金属配件

将90cm长的细绳对折，连续打出
4个淡路连（请参照p36），之后
的做法与35-2相同

37 项链的材料

亚洲细绳 / 2.5mm规格 鸭拓草蓝色 30cm×3；1mm规格 蓝色
30cm×3 100cm×1
木念珠 / 10mm直径 1个；8mm直径 1个

52 小饰品的材料

亚洲细绳 / 2.5mm规格 淡棕色 30cm×3；1mm规格 海昌蓝色
30cm×3、淡棕色 35cm
木念珠 / 10mm直径 1颗；8mm直径 1颗

37

上方的中央

38
㎝

52

上方的中央

8
㎝

在①②中放入木念珠的方法

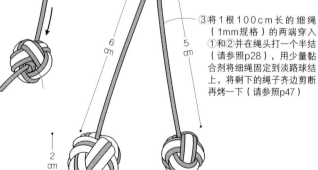

打好淡路球结（请参照p35步骤2）后，将木念珠放入绳结内，然后拉紧

③穿入淡路球结的细绳的固定方法

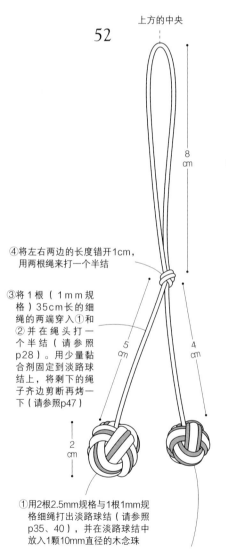

④将左右两边的长度错开1cm，用两根绳来打一个半结

③将1根（1mm规格）35cm长的细绳的两端穿入①和②并在绳头打一个半结（请参照p28）。用少量黏合剂固定到淡路球结上，将剩下的绳子齐边剪断再烤一下（请参照p47）

5
㎝

4
㎝

2
㎝

①用2根2.5mm规格与1根1mm规格细绳打出淡路球结（请参照p35、40），并在淡路球结中放入1颗10mm直径的木念珠

②用2根2.5mm规格细绳与1根1mm规格细绳打出淡路球结（请参照p35、40），并在淡路球结中放入1颗8mm直径的木念珠

④将左右两边的长度错开1cm，用两根绳来打一个半结

③将1根100cm长的细绳（1mm规格）的两端穿入①和②并在绳头打一个半结（请参照p28），用少量黏合剂将细绳固定到淡路球结上，将剩下的绳子齐边剪断再烤一下（请参照p47）

6
㎝

5
㎝

2
㎝

①用2根2.5mm规格细绳与1根1mm规格细绳打出淡路球结（请参照p35、40），并在淡路球结中放入1颗10mm直径的木念珠

②用2根2.5mm规格细绳与1根1mm规格细绳打出淡路球结，并在淡路球结中放入1颗8mm直径的木念珠

photo ··· 39 41 44

39 戒指的材料
时尚皮质细绳
1：鲑鱼粉色
2：芥末黄
3：蓝色　各30cm

41 发梳的材料
时尚皮质细绳（pop leather cord）/ 芥末黄 90cm
发梳金属配件/ 银色 6cm宽 1个
3号天蚕丝（鱼线）50cm

44 手链的材料
1：亚洲细绳 / 特细款 淡粉色 130cm、40cm、20cm
高品质金属小珠 / 3mm直径 7颗
2：亚洲细绳 / 特细款 蛋壳白色 130cm、40cm、20cm
高品质金属小珠/3mm直径 7颗

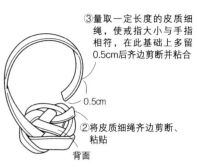

③量取一定长度的皮质细
绳，使戒指大小与手指
相符，在此基础上多留
0.5cm后齐边剪断并粘合

0.5cm

②将皮质细绳齐边剪断、
粘贴

背面

39

①用30cm的细绳打出释迦结
（参照p33、44）

41

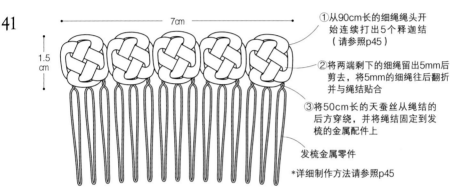

7cm

1.5 cm

①从90cm长的细绳绳头开
始连续打出5个释迦结
（请参照p45）

②将两端剩下的细绳留出5mm后
剪去，将5mm的细绳往后翻折
并与绳结贴合

③将50cm长的天蚕丝从绳结的
后方穿绕，并将绳结固定到发
梳的金属配件上

发梳金属零件

*详细制作方法请参照p45

44 ②打出圆环结的方法

4.5 cm

大头针

②使用左侧40cm长的芯绳和右侧
130cm长的打结绳打出的右圆
环结（请参照p30）

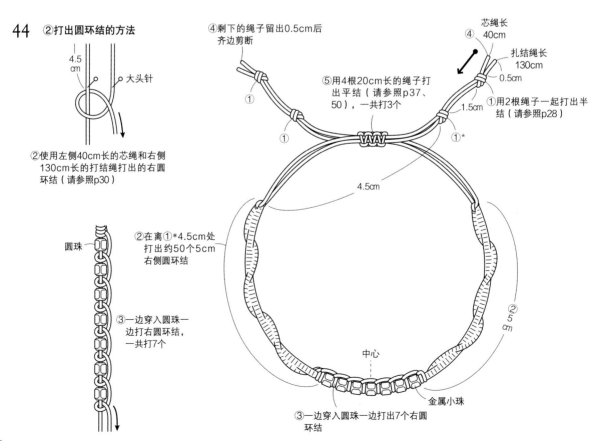

④剩下的绳子留出0.5cm后
齐边剪断

⑤用4根20cm长的绳子打
出平结（请参照p37、
50），一共打3个

芯绳长
40cm

④

扎结绳长
130cm

0.5cm

1.5cm

①用2根绳子一起打出半
结（请参照p28）

①

①

①*

4.5cm

②
5
cm

圆珠

②在离①*4.5cm处
打出约50个5cm
右侧圆环结

③一边穿入圆珠一
边打右圆环结，
一共打7个

中心

金属小珠

③一边穿入圆珠一边打出7个右圆
环结

42 项链的材料

亚洲细绳 / 特细款 淡棕色 180cm×1、20cm×8、15cm×1、5cm×3
玉石配件 / 玉佩 1个
能量石 / 圆球形 8mm直径；白松石 1颗；碎石形新山玉 3颗
木念珠 / 6mm直径 2颗
9型针 / 金色 2根
T型针 / 金色 1根
圆环 / 金色 2个　手工缝制线 少许

43 项链的材料

亚洲细绳 / 特细款 淡棕色 180cm×1、20cm×8、15cm×1、5cm×3
玉石配件 / 莲花形 1个
能量石 / 圆球形 8mm直径；绿松石蓝 1颗；碎石形蔷薇石英 3颗
金属配件 / 小巧四叶草 1个
木念珠 / 6mm直径规格 2颗
9型针 / 金色 2根
T型针 / 金色 1根
圆环 / 金色 2个　手工缝制线 少许

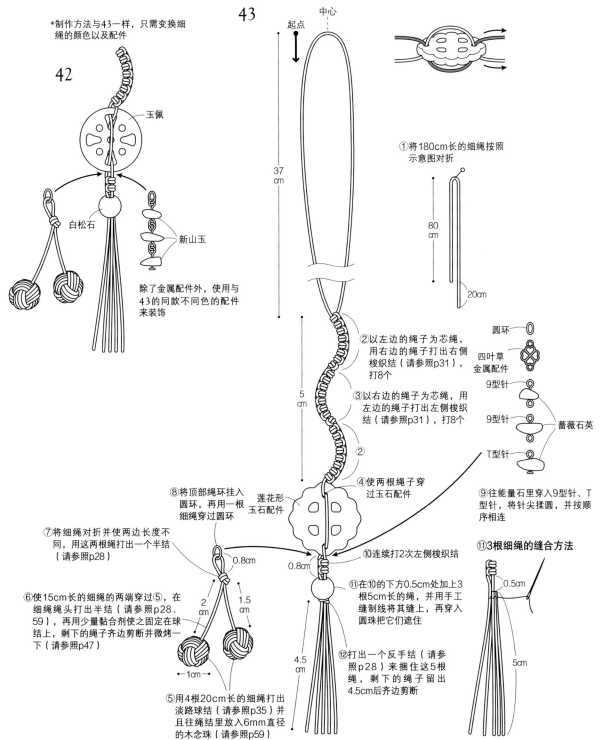

*制作方法与43一样，只需变换细绳的颜色以及配件

42

43

玉佩

白松石

新山玉

除了金属配件外，使用与43的同款不同色的配件来装饰

起点

中心

37 cm

5 cm

①将180cm长的细绳按照示意图对折

80 cm

20cm

②以左边的绳子为芯绳，用右边的绳子打出右侧梭织结（请参照p31），打8个

③以右边的绳子为芯绳，用左边的绳子打出左侧梭织结（请参照p31），打8个

④使两根绳子穿过玉石配件

圆环

四叶草金属配件

9型针

9型针

T型针

蔷薇石英

⑨往能量石里穿入9型针、T型针，将针尖揉圆，并按顺序相连

⑪3根细绳的缝合方法

0.5cm

5cm

⑧将顶部绳环挂入圆环，再用一根细绳穿过圆环

莲花形玉石配件

⑦将细绳对折并使两边长度不同，用这两根绳打出一个半结（请参照p28）

0.8cm

0.8cm

2cm

1.5cm

⑥使15cm长的细绳的两端穿过⑤，在细绳头打出半结（请参照p28、59），再用少量黏合剂使之固定在球结上，剩下的绳子齐边剪断并微烤一下（请参照p47）

⑩连续打2次左侧梭织结

⑪在⑩的下方0.5cm处加上3根5cm长的绳，并用手工缝制线将它缝上，再穿入圆珠把它们遮住

⑫打出一个反手结（请参照p28）来捆住这5根绳，剩下的绳子留出4.5cm后齐边剪断

←1cm→

4.5 cm

⑤用4根20cm长的细绳打出淡路球结（请参照p35）并且往绳结里放入6mm直径的木念珠（请参照p59）

45 项链的材料
暮雪罗塞塔细绳 / 卡普里蓝 25cm × 12、100cm × 1
古风金属配件 / 1个
高品质金属小珠 / 3mm直径 14颗

47 耳坠的材料
暮雪罗塞塔细绳 / 卡普里蓝 30cm × 12、100cm × 1
甘露珍珠 / 2颗
高品质金属小珠 / 8颗
耳坠金属配件 / 金色 1组
耳环胶套 / pt-1 2块
圆环 / 金色 4个

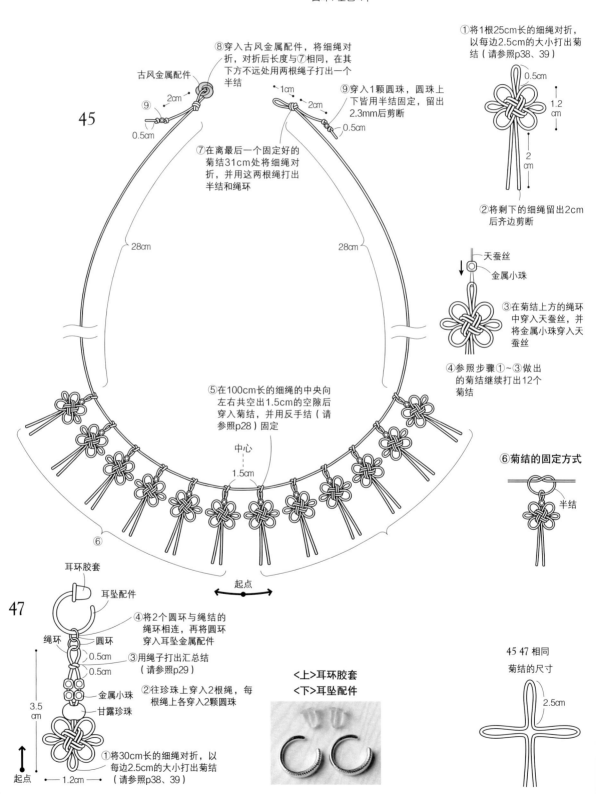

45

⑧穿入古风金属配件，将细绳对折，对折后长度与⑦相同，在其下方不远处用两根绳子打出一个半结

古风金属配件
2cm
⑨
0.5cm
1cm
2cm
0.5cm

⑨穿入1颗圆珠，圆珠上下皆用半结固定，留出2.3mm后剪断

⑦在离最后一个固定好的菊结31cm处将细绳对折，并用这两根绳打出半结和绳环

28cm   28cm

⑤在100cm长的细绳的中央向左右共空出1.5cm的空隙后穿入菊结，并用反手结（请参照p28）固定

中心
1.5cm

⑥

起点

①将1根25cm长的细绳对折，以每边2.5cm的大小打出菊结（请参照p38、39）
0.5cm
1.2cm
2cm

②将剩下的细绳留出2cm后齐边剪断

天蚕丝
金属小珠

③在菊结上方的绳环中穿入天蚕丝，并将金属小珠穿入天蚕丝

④参照步骤①~③做出的菊结继续打出12个菊结

⑥菊结的固定方式
半结

45 47 相同
菊结的尺寸
2.5cm

47

耳环胶套
耳坠配件

绳环   圆环
0.5cm
0.5cm

金属小珠
甘露珍珠

3.5cm

起点 ← 1.2cm →

④将2个圆环与绳结的绳环相连，再将圆环穿入耳坠金属配件

③用绳子打出汇总结（请参照p29）

②往珍珠上穿入2根绳，每根绳上各穿入2颗圆珠

①将30cm长的细绳对折，以每边2.5cm的大小打出菊结（请参照p38、39）

<上>耳环胶套
<下>耳坠配件

48 书签的材料

暮雪罗塞塔细绳 /
1；香槟色 2；白色 3；金黄色 4；生菜绿 各55cm
您喜欢的书签纸片 9.5cmX4cm 各1张

49 信封封扣的材料

1；亚洲细绳 / 2.5mm规格 藏青色 30cm；1mm规格 蛋壳白色 30cm×2
2；亚洲细绳 / 2.5mm规格 橙色 30cm；1mm规格 海昌蓝色 30cm×2
3；亚洲细绳 / 2.5mm规格 蛋壳白 30cm；1mm规格 藏青色 30cm×2

50 信件夹的材料

暮雪罗塞塔细绳 / 卡普里蓝 30cm
信件夹/白色 1个

51 信件夹

1；暮雪罗塞塔细绳 / 栗子色 35cm 信件夹/蓝色 1个
2；暮雪罗塞塔细绳 / 生菜绿 35cm 信件夹/黑色 1个

50

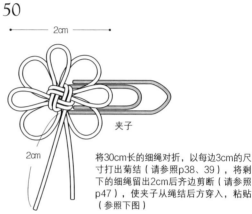

将30cm长的细绳对折，以每边3cm的尺寸打出菊结（请参照p38、39），将剩下的细绳留出2cm后齐边剪断（请参照p47），使夹子从绳结后方穿入，粘贴（参照下图）

49

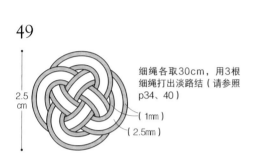

2.5cm

细绳各取30cm，用3根细绳打出淡路结（请参照p34、40）

（1mm）
（2.5mm）

51

②将剩下的细绳留出2cm后齐边剪断（请参照p47）

3.5cm

2cm

①将35cm长的细绳对折，以每边4cm的尺寸打出菊结（请参照p38、39）、使菊结形状呈蝴蝶形（请参照p42、43）

背面

夹子

③使夹子从绳结后方穿入，粘贴

48

③在细绳绳头打出半结（请参照p28），齐边剪断（请参照p47）

5.5cm
4（4cm）

④在纸片上开孔并穿入一根细绳，在正面和背面都涂上少量的黏合剂固定

3.5cm
4（2.5cm）

②将55cm长的细绳对折，以每边4.5cm的尺寸打出菊结（请参照p38、39），使菊结形状呈蝴蝶形（请参照p42、43）

*48-2以每边4.5cm的尺寸打出菊结、使菊结形状呈蝴蝶形

①将书签纸片按照4cmX9.5cm的尺寸剪好，用您喜欢的印章装饰

菊结尺寸

48-1·2·3 4.5cm
48-4 51 4cm
50 3cm

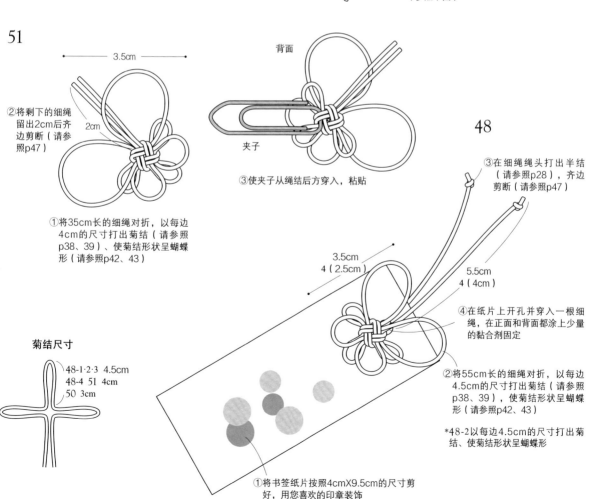

TITLE：[和が可愛い結びのアクセサリー]

By：[知光薫]

Copyright © Chiko Kaoru 2014

Original Japanese language edition published by Shufunotomo CO., LTD.

All rights reserved. No part of this book may be reproduced in any form without the written permission of the publisher.

Chinese translation rights arranged with Shufunotomo CO., LTD., Tokyo through NIPPAN IPS Co., Ltd.

本书由日本株式会社主妇之友社授权北京书中缘图书有限公司出品并由煤炭工业出版社在中国范围内独家出版本书中文简体字版本。

著作权合同登记号：01-2017-1935

图书在版编目（CIP）数据

日式手编绳结 /（日）知光薫著；王靖宇译. -- 北京：
煤炭工业出版社，2017（2023.5重印）
　　ISBN 978-7-5020-6229-3

　　Ⅰ.①日… Ⅱ.①知… ②王… Ⅲ.①绳结—手工艺品—
制作—日本 Ⅳ.①TS935.5

　　中国版本图书馆CIP数据核字（2017）第264527号

日式手编绳结

作　　者	（日）知光薫	译　　者	王靖宇
策划制作	北京书锦缘咨询有限公司		
总 策 划	陈 庆	策　　划	肖文静
责任编辑	马明仁	编　　辑	郭浩亮
设计制作	柯秀翠		

出版发行　煤炭工业出版社（北京市朝阳区芍药居35号　　100029）
电　　话　010-84657898（总编室）
　　　　　010-64018321（发行部）　　010-84657880（读者服务部）
电子信箱　cciph612@126.com
网　　址　www.cciph.com.cn
印　　刷　北京利丰雅高长城印刷有限公司
经　　销　全国新华书店

开　　本　787mm×1092mm¹/₁₆　印张　4　字数　50千字
版　　次　2018年1月第1版　2023年5月第5次印刷
社内编号　9109　　　　　　定价　36.00元